世界の恐竜

せかいのきょうりゅう

監修　渡部真人（古生物学者）

2
中国・モンゴル

〜デイノケイルス、
マメンチサウルス
ほか〜

汐文社

ようこそ恐竜の世界へ！

いまから200年ほど前、イギリスで巨大な歯の化石が見つかったのをきっかけに、わたしたちは恐竜の存在を知りました。恐竜が地球を支配していたのは、およそ2億5200万年前〜6600万年前。この時代を「中生代」といいます。中生代は恐竜が誕生した「三畳紀」、恐竜が繁栄した「ジュラ紀」、そして恐竜が絶滅した「白亜紀」に分かれています。

現在までに700〜1000種類の恐竜が発見されていて、化石をよく調べることで恐竜の姿や食べていたもの、暮らしの様子などがわかります。最新の研究では、脳の形や骨格（手あし）、羽毛など、鳥類と共通する化石がたくさん見つかり、「鳥類は恐竜の一種」と考えられるようになってきました。

では、絶滅してしまったのはどんな恐竜なのでしょう。第2巻では、保存状態のよい化石がたくさん見つかり、恐竜の一大生息地だったといわれる中国やモンゴルの恐竜たちを中心に見てみましょう。

もくじ

ようこそ恐竜の世界へ！ …………………… 2

恐竜カードの見方 …………………………… 2

恐竜の進化とグループ分け ………………… 3

タイムスリップ！

恐竜が生きる時代へ ………………………… 4

中生代のモンゴルと恐竜 …………………… 6

　モンゴルの恐竜 ……………………………… 12

中生代の中国と恐竜 ………………………… 16

　中国の恐竜 …………………………………… 18

中生代の南極・オーストラリアと恐竜 …… 25

　南極・オーストラリアの恐竜 ……………… 26

恐竜の世界❷

恐竜が進化していく　ジュラ紀 …………… 28

ここで発見された!!

恐竜マップ …………………………………… 30

恐竜カードの見方

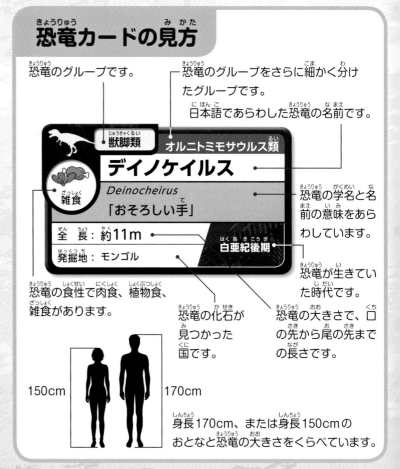

恐竜のグループです。

恐竜のグループをさらに細かく分けたグループです。
日本語であらわした恐竜の名前です。

獣脚類

オルニトミモサウルス類

デイノケイルス

Deinocheirus

「おそろしい手」

雑食

全長：約11m

発掘地：モンゴル

白亜紀後期

恐竜の学名と名前の意味をあらわしています。

恐竜の食性で肉食、植物食、雑食があります。

恐竜の化石が見つかった国です。

恐竜が生きていた時代です。

恐竜の大きさで、口の先から尾の先までの長さです。

150cm　170cm

身長170cm、または身長150cmのおとなと恐竜の大きさをくらべています。

恐竜の進化とグループ分け

最初の恐竜は二足歩行でした。恐竜は体とあしをつなぐための骨盤の形から「鳥盤類」と「竜盤類」に大きく分けられ、さらに以下のように細かく分類されています。

● 恐竜とは？

恐竜は爬虫類の一部が進化した生き物です。恐竜とは別グループの爬虫類のトカゲは体の横からあしがのびていますが、恐竜のあしは体からまっすぐ下におりていたため、効率よく歩くことができました。

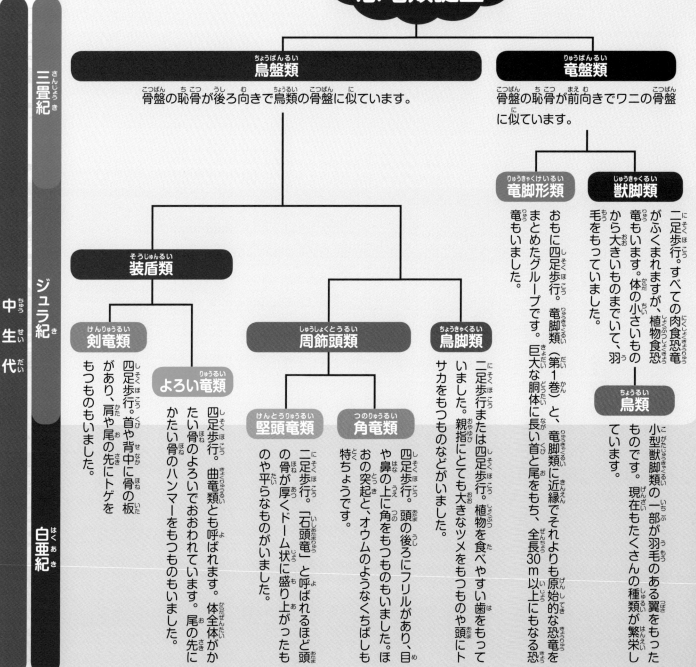

恐竜類誕生

三畳紀

鳥盤類
骨盤の恥骨が後ろ向きで鳥類の骨盤に似ています。

竜盤類
骨盤の恥骨が前向きでワニの骨盤に似ています。

竜脚形類
おもに四足歩行です。竜脚類（第1巻）と、竜脚類に近縁でそれよりも原始的な恐竜をまとめたグループです。巨大な胴体に長い首と尾をもち、全長30m以上にもなる恐竜もいました。

獣脚類
二足歩行。すべての肉食恐竜がふくまれますが、植物食恐竜もいます。体の小さいものから大きいものまでいて、羽毛をもっていました。

鳥類
小型獣脚類の一部が羽毛のある翼をもったものです。現在もたくさんの種類が繁栄しています。

中生代

ジュラ紀

装盾類

剣竜類
四足歩行。首や背中に骨の板があり、肩や尾の先にトゲをもつものもいました。

よろい竜類
四足歩行。曲竜類とも呼ばれます。かたい骨のよろいでおおわれています。体全体がかたい骨のハンマーをもつものもいました。尾の先に骨の板

周飾頭類

堅頭竜類
二足歩行。「石頭竜」と呼ばれるほど頭の骨が厚くドーム状に盛り上がったものや平らなものがいました。

角竜類
四足歩行。頭の後ろにフリルがあり、目や鼻の上に角をもつものもいました。ほおの突起と、オウムのようなくちばしも特ちょうです。

鳥脚類
二足歩行または四足歩行。植物を食べやすい歯をもっていました。親指にとても大きなツメをもつものや頭にトサカをもつものなどがいました。

白亜紀

恐竜が生きる時代へ

テリジノサウルス類の恐竜　P.12

白亜紀後期のモンゴル。産卵シーズンをむかえた獣脚類の
テリジノサウルス類が、集団で巣をつくっています。卵は
土の中で温められていて、親は巣のそばで、卵どろぼうを
追いはらいながら卵を守っています。

ペンギンなどと同じように
集団で巣をつくる

卵に土をかけて
地熱で温める

直径13cmほどの卵を
3〜30個産む

中生代のモンゴルと恐竜

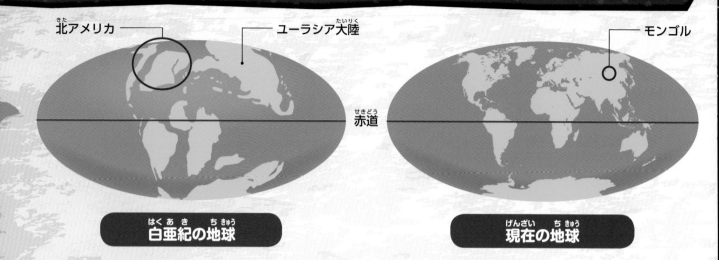

北アメリカ　　　　　ユーラシア大陸　　　　　　　　　　　　　モンゴル

赤道

白亜紀の地球　　　　　　　　　　　**現在の地球**

ゴビ砂漠は恐竜のすみかだった！

中生代のはじめ、パンゲア（第1巻）という大きな1つの大陸が、分裂をくり返し、やがていくつかの大陸ができました。現在のアジアはジュラ紀にローラシア大陸（P.28）の一部になり、白亜紀に北アメリカと分かれます。しかし、最北部は陸続きだったため、アジアと北アメリカ西部との間を移動する恐竜もいました。現在のモンゴルの南に広がるゴビ砂漠には、当時、豊かな水と緑が広がっていたため、たくさんの恐竜が生息していました。最近では、巨大な前あし以外はなぞだったデイノケイルスの新たな骨格や、オヴィラプトロサウルス類シティパティ（P.13）の卵をだいた化石が見つかるなど、保存状態のよい恐竜の化石が続々と発見されています。

大発見！
おなかから大量の胃石！
植物を食べる恐竜は、効率よく消化ができるようにわざと石を飲みこみました。おなかの中で石同士がこすれ、植物を細かくくだきます。デイノケイルスのほか、竜脚類などにも同じようなことがみられます。

獣脚類　　　　**オルニトミモサウルス類**

デイノケイルス

Deinocheirus

雑食

「おそろしい手」

全　長：約11m

発掘地：モンゴル

白亜紀後期

はじめに見つかった前あしの長さが
2.4mもあることから巨大な肉食恐竜
と考えられ、「おそろしい手」という
学名がつきました。

150cm

デイノケイルスとその天敵

なぞの恐竜 正体発覚!!

50年ぶりに姿がわかった!

発見からおよそ50年、巨大な前あしの形だけしかわからなかったなぞの恐竜デイノケイルス。近年、ようやく全身の姿がわかってきました。その姿は巨大な前あしから想像していたものとはちがいました。

デイノケイルス

平たいくちばし
鳥脚類のカモノハシ竜(P.14)に似た、平たいくちばしで、歯はありません。

巨大な前あし
長さ2.4mもある前あしで植物を集めたと考えられています。

泥でも歩ける後ろあし
指は鳥脚類のカモノハシ竜に似たつくりで、ぬかるみを歩くのに役立ったと考えられています。

天敵はタルボサウルスだった？

デイノケイルスの骨には、アジア最大級の肉食恐竜タルボサウルスにかまれたと思われる傷が残っていました。

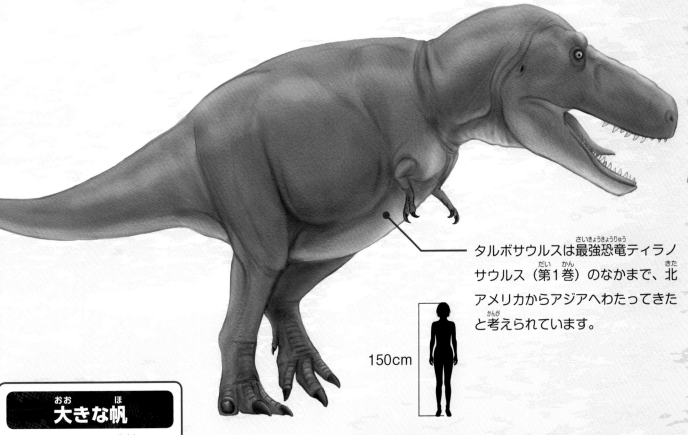

タルボサウルスは最強恐竜ティラノサウルス（第1巻）のなかまで、北アメリカからアジアへわたってきたと考えられています。

150cm

大きな帆

背骨のかたちから、背中にはスピノサウルス（第3巻）のような帆があることがわかりました。

羽毛でアピール

尾の先に羽毛があったことがわかっていますが、近縁種と同じように前あしや体にも羽毛があったと考えられています。

獣脚類　ティラノサウルス類

タルボサウルス

Tarbosaurus

肉食

「警告するトカゲ」

全　長：約10m

発掘地：モンゴル

白亜紀後期

デイノケイルスの指

デイノケイルスは
竜脚類のように大型化

これまでにデイノケイルスの全身骨格に近い
化石は、2体発見されています。オルニトミ
モサウルス類の骨は空どうが多いため体は軽
く、細長い後ろあしで速く走れるのが特ちょ
うです。しかしデイノケイルスの場合、速く
走るのではなく、竜脚類のように体が巨大に
なりました。そのため体を支える後ろあしは
太く、動きはゆっくりしていたと考えられて
います。

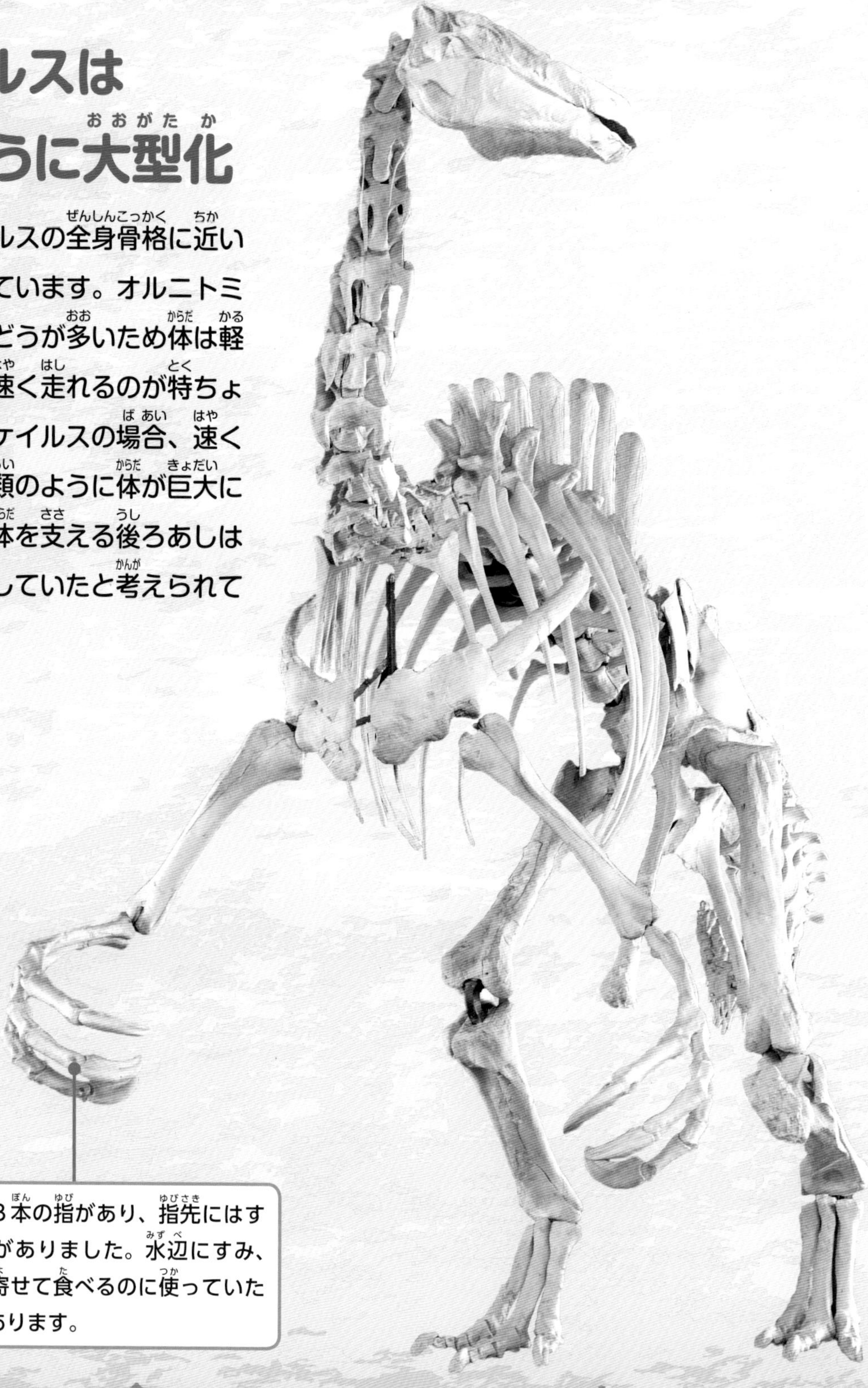

前あしには3本の指があり、指先にはす
るどいツメがありました。水辺にすみ、
水草を引き寄せて食べるのに使っていた
という説もあります。

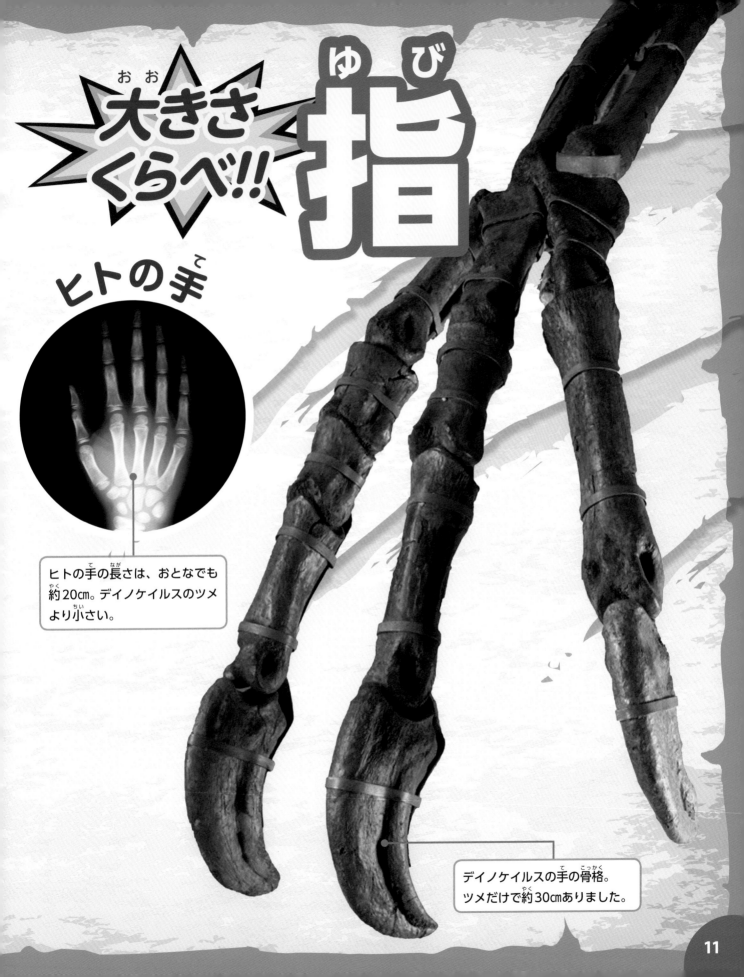

大きさくらべ!! 指

ヒトの手

ヒトの手の長さは、おとなでも約20cm。デイノケイルスのツメより小さい。

デイノケイルスの手の骨格。ツメだけで約30cmありました。

長い首と大きくふくらんだおなかが特ちょうです。前あしにある巨大なツメは70㎝以上もありました。化石が一部しか見つかっていないため、このツメが何に使われたのかはなぞです。食性についても、まだはっきりしたことはわかっていません。

獣脚類

テリジノサウルス類

?
不明

テリジノサウルス

Therizinosaurus

「大鎌のトカゲ」

全 長：8〜11m

白亜紀後期

発掘地：モンゴル

⁉ 恐竜の卵はどんな形？

これまでに発見されている恐竜の卵の化石は、丸いものから細長いものまであります。大きさも、直径2㎝から50㎝以上のものまでさまざまです。卵の化石はすでに赤ちゃんが生まれたあとのものが多いため、親の恐竜を特定できないことがほとんどです。しかし、赤ちゃんの骨が卵の中に見つかることもあり、恐竜の種類がわかっているものもあります。

獣脚類 | オヴィラプトロサウルス類

雑食

シティパティ

Citipati

「(チベット仏教で)守り神」

全　　長：約3m

発掘地：モンゴル

白亜紀後期

くちばしは短く、頭に骨でできた大きなトサカがありました。近縁種の化石で羽毛が見つかったため、シティパティにも羽毛があったと考えられています。卵をだいたまま化石になって発見されたことから、鳥類のようにオスが巣の中で、外敵から卵を守っていたと考えられています。

170cm

獣脚類 | ドロマエオサウルス類

肉食

ヴェロキラプトル

Velociraptor

「すばやい泥棒」

全　　長：約1.8m

発掘地：モンゴル、中国

白亜紀後期

鳥類に非常に近い恐竜とされるドロマエオサウルス類のなかまです。体は小さいですが、すばやい動きと後ろあしの大きなカギ状のツメで獲物を追いつめていきました。プロトケラトプス(P.14)と取っ組み合っている姿で発見された化石もあります。

カモに似たくちばしをもつ「カモノハシ竜」のなかまで、大きな体と、頭にある短いトサカが特ちょうです。また、かたい植物を効率よくすりつぶせる歯をもっていました。白亜紀後期はアジアと北アメリカが陸でつながっていたため、北アメリカにもこのなかまがいました。

鳥脚類 ハドロサウルス類

サウロロフス

Saurolophus

植物食

「トサカのあるトカゲ」

全長：9〜12m

発掘地：モンゴル、カナダ

白亜紀後期

ズームアップ!!

角竜類 プロトケラトプス類

プロトケラトプス

Protoceratops

植物食

「最初の角のある顔」

全長：1.8〜2.5m

発掘地：モンゴル、中国

白亜紀後期

赤ちゃんからおとなまで、成長の様子がわかる化石がゴビ砂漠で見つかっています。角はなく、鼻の上に小さな突起があるのみです。フリルは成長するとともに大きくなりました。赤ちゃんのときは群れで生活していたと考えられています。

堅頭竜類 パキケファロサウルス類

植物食

ホマロケファレ

Homalocephale

「平らな頭」

全　長：約1.8m

発掘地：モンゴル

白亜紀後期

ドーム状の厚い骨の頭をもつ種類のなかまですが、頭が平らな形をしているのが特ちょうです。体の横はばが広く、二足歩行でした。同じ時代に生きていたプレノケファレという全長2.4mほどの恐竜の子どもの可能性もあります。

ズームアップ!!

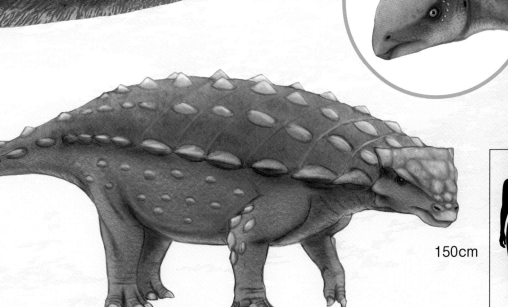

150cm

よろい竜類 アンキロサウルス類

植物食

ピナコサウルス

Pinacosaurus

「板のトカゲ」

全　長：約5m

発掘地：モンゴル、中国

白亜紀後期

尾の先にハンマーのようなかたい骨のかたまりをもつよろい竜のなかまで、子どもからおとなまで化石が見つかっています。背中のよろいやハンマーはおとなになるとより大きくなります。子どものころは群れで行動していたようです。

北アメリカ

ユーラシア大陸

中国

赤道

白亜紀の地球

現在の地球

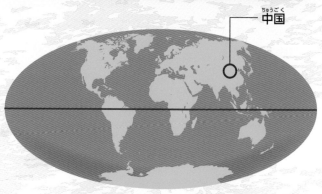

竜脚類 マメンチサウルス類

マメンチサウルス

植物食

Mamenchisaurus

「馬門溪（中国の地名）のトカゲ」

全　長：約20m

発掘地：中国

ジュラ紀後期

アジア最大級の体をもった恐竜。その半分以上が首でした。竜脚類の首の骨はふつう15個ですが、マメンチサウルスは19個あります。竜脚類では最大の数です。

170cm

16

羽毛恐竜など貴重な化石がいっぱい!

中生代のはじめごろに存在した大陸のパンゲア（第1巻）は、ジュラ紀ごろ南北に分かれて、北側はローラシア大陸（P.28）となりました。さらに、ローラシア大陸は、ユーラシア大陸と西側の北アメリカに分かれます。ユーラシア大陸の東部が現在の中国にあたる場所です。

中国全土の化石産地からはたくさんの化石が発見されています。ジュラ紀のたくさんの恐竜が発掘されるのは西南部にある四川省で、マメンチサウルスやヤンチュアノサウルス（P.19）などが有名です。現在、砂漠が広がるジュンガル盆地（西北部）でもジュラ紀の恐竜が発見されていて、当時は湖と豊かな緑があったと考えられています。東北部の遼寧省では、非常に保存状態のよい恐竜化石やユウティラヌスやミクロラプトル（P.21）などの白亜紀の羽毛をもつ獣脚類がたくさん見つかっています。

大発見! 「死の落とし穴」の犯人？

ジュンガル盆地の周辺で、深さ1〜2mの穴の中からグアンロン（P.19）などの小型獣脚類の骨がたくさん見つかっています。当時、この一帯は湿地で、穴に気づかずにあしがはまり、そのまま出られずに沈んでしまったのではないかと考えられています。この落とし穴は複数見つかっていて、もともとは竜脚形類のあし跡だった可能性があります。体重約20トンの巨体が歩いてできたくぼみに泥が流れこみ、底なし沼のようになったのかもしれません。

ズームアップ!!

小型で細身ですが、体のわりに脳は大きく、知能の高い恐竜として知られるトロオドンのなかまです。後ろあしが長く、カギ状のツメで獲物をつかまえていました。

獣脚類　トロオドン類

メイ
Mei

肉食

「静かにねむる竜」

全　長：約0.7m

発掘地：中国

白亜紀前期

大発見！ メイはねむっているまま化石に！

メイの化石は、前後のあしを折りたたみ、尾はクルッと体に巻きつけ、頭は後ろに向けて背中に乗せるなど、体をまるめた姿で見つかりました。これは鳥類がねむる姿にそっくりで、体温を下げない効果があります。恐竜と鳥類の関係を示す重要な発見となりました。

アロサウルス（第1巻）の近縁種で、ジュラ紀後期の中国では最大の肉食恐竜です。鼻から目の上にかけて低い角がありました。

獣脚類

アロサウルス類

ヤンチュアノサウルス

Yangchuanosaurus

「永川（中国の地名）のトカゲ」

肉食

全　長：8〜10m

発掘地：中国

ジュラ紀後期

鼻の上にある薄いトサカが特ちょうで、ティラノサウルス（第1巻）の原始的ななかまだと考えられています。体は小さく、前あしの指は3本ありました。ティラノサウルスと同じように、するどい歯やカギ状のツメをもっていました。

150cm

獣脚類

ティラノサウルス類

グアンロン

Guanlong

「かんむりの竜」

肉食

全　長：約3.5m

発掘地：中国

ジュラ紀後期

竜脚類
りゅうきゃくるい

エウヘロプス類
るい

エウヘロプス

植物食
しょくぶつしょく

Euhelopus

「ほんとうの『沼地のあし』」
ぬ まち

全　　長：約15m
ぜん ちょう やく

発掘地：中国
はっくつち ちゅうごく

白亜紀前期
はく あ き ぜん き

中国で発見された化石のうち、最初に学名がついた恐
ちゅうごく はっけん か せき さいしょ がくめい きょう
竜です。まだ頭や体の一部の骨しか見つかっていませ
りゅう あたま からだ いち ぶ ほね み
んが、首の骨が17個あったことがわかり、とても首の
くび ほね こ くび
長い竜脚類だったと考えられています。
なが りゅうきゃくるい かんが

獣脚類
じゅうきゃくるい

テリジノサウルス類
るい

アラシャサウルス

植物食
しょくぶつしょく

Alxasaurus

「阿拉善（中国の地名）のトカゲ」
ア ラ シャン ちゅうごく ち めい

全　　長：約3.8m
ぜん ちょう やく

発掘地：中国
はっくつち ちゅうごく

白亜紀前期
はく あ き ぜん き

テリジノサウルス（P.12）の原始
げん し
的な段階のなかまです。頭の骨以
てき だんかい あたま ほね い
外はほぼ化石が見つかったため、
がい か せき み
これまでなぞにつつまれていたテ
リジノサウルス類の研究が進みま
るい けんきゅう すす
した。

ズームアップ!!

前あしだけでなく、後ろあしにも鳥のような翼をもつ小型の恐竜です。これは空を飛ぶのに使ったのではなく、空中で向きをかえるのに用いたのではないかと考えられています。

獣脚類

ドロマエオサウルス類

ミクロラプトル

Microraptor

肉食

「小さなどろぼう」

全長：約0.5m

発掘地：中国

白亜紀前期

170cm

鳥脚類 ちょうきゃくるい

ランベオサウルス類 るい

チンタオサウルス

植物食 しょくぶつしょく

Tsintaosaurus

「青島（中国の地名）のトカゲ」
チンタオ ちゅうごく ちめい

全　長：約10m
ぜん ちょう やく

発掘地：中国
はっくつ ち ちゅうごく

白亜紀後期
はく あ き こう き

150cm

鳥脚類 ちょうきゃくるい

ハドロサウルス類 るい

プロバクトロサウルス

植物食 しょくぶつしょく

Probactrosaurus

「原始的なバクトロサウルス
げんしてき
（恐竜の名前）」
きょうりゅう なまえ

全　長：約6m
ぜん ちょう やく

発掘地：中国
はっくつ ち ちゅうごく

白亜紀前期
はく あ き ぜん き

歯の並びがハドロサウルス類に似ている
は なら るい に
ことから、ハドロサウルスの祖先だと考
そせん かんが
えられています。イグアノドン類がもつ、
るい
トゲのようにとがった親指が前あしにあ
おやゆび まえ
り、骨格はイグアノドン（第3巻）に似
こっかく だい かん に
ています。

以前は、細長いツメのようなトサカをもつと考えられていましたが、近年の研究で後ろにのびる長いしゃもじのようなトサカだったことがわかりました。このトサカは近縁種のパラサウロロフス（第1巻）と同じように、中が空どうで音をひびかせることができたと考えられています。

ズームアップ!!

角竜類

原始的な角竜類

アーケオケラトプス

Archaeoceratops

「古代の角のある顔」

全　長：	約1.5m
発掘地：	中国

白亜紀前期

植物食

角がなく、フリルはとても小さいですが、トリケラトプス（第1巻）などの祖先だと考えられています。くちばしがあり、口には上と下で形のちがう歯がありました。

翼竜類

恐竜時代の空を飛んでいた、翼をもつ爬虫類です。三畳紀後期からあらわれ、鳥類をのぞく恐竜と同じように白亜紀末には絶滅しました。

ズンガリプテルス

白亜紀前期｜中国、モンゴル

翼長※3〜4mで、大きな頭とアゴが特ちょうです。くちばしが上にそった形をしていて、岩の間や砂の中にいる貝を捕らえて食べていたと考えられています。口の奥には貝をくだけるほどの丈夫な歯がありました。

※翼長……翼を広げたときの左右の端から端までの長さ。

ダルウィノプテルス

ジュラ紀後期｜中国

カラスと同じくらいの大きさで、翼長1mの小型の翼竜です。ジュラ紀の翼竜に多い長い尾と、白亜紀の翼竜に多い大きな頭の、両方の特ちょうをもっていて、進化の過程を示す翼竜だと考えられています。するどい歯をもっていたことから肉食だったと思われます。

中生代の南極・オーストラリアと恐竜

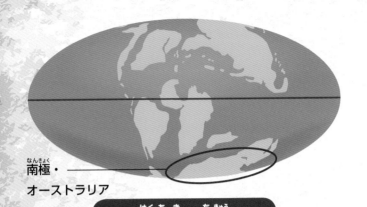

南極・
オーストラリア

白亜紀の地球

中生代には同じ大陸だった!

中生代が終わり、新生代になってもしばらくの間は、南極とオーストラリアは1つの大陸としてつながっていました。このころは、いまよりも暖かな気候で、南極も現在のように氷におおわれていませんでした。恐竜だけでなく、ほかの動物や植物の化石もたくさん見つかっていて、緑が豊かな場所だったと考えられています。

170cm

南極大陸のカークパトリック山から頭や首、体などの骨が見つかりました。鼻の上におうぎを広げたような、正面を向いた独特の平たいトサカをもっていました。メスへのアピールに使っていたという説もあります。

獣脚類

クリオロフォサウルス類

クリオロフォサウルス

Cryolophosaurus

「トサカをもつ冷たいトカゲ」

肉食

全長：約7m	
発掘地：南極	ジュラ紀前期

竜脚類　ティタノサウルス類

アウストロサウルス

植物食

Austrosaurus

「南のトカゲ」

全　長：約15m

発掘地：オーストラリア

白亜紀前期

ズームアップ!!

よろい竜類　アンキロサウルス類

クンバラサウルス

植物食

Kunbarrasaurus

「（原地語で）盾のトカゲ」

全　長：約2m

発掘地：オーストラリア

白亜紀前期

ほかのよろい竜とくらべて頭は小さく、あしが長めで、おなかもよろいでおおわれていました。ほぼ全身の化石が見つかった当時は、同じ南半球にくらしていたよろい竜「ミンミ」だと思われましたが、ミンミとは別の種類ということがわかり、2015年にクンバラサウルスと名づけられました。

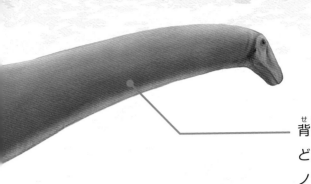

背骨とろっ骨だけしか発見されていないため、どんな恐竜かはまだなぞですが、アルゼンチノサウルス（第1巻）のなかまだと考えられています。背骨の内部は空どうになっているので骨は軽かったようです。

150cm

オーストラリアで発見された鳥脚類の中では最大で、鼻の上がふくらんでいるのが特ちょうです。イグアノドン（第3巻）に近い種類という説もあり、多くのイグアノドン類のようにとがった親指の骨をもっていたと考える人もいます。

鳥脚類　イグアノドン類

ムッタブラサウルス
Muttaburrasaurus

植物食

「ムッタブラ（オーストラリアの地名）のトカゲ」

全　長：	約9m
発掘地：	オーストラリア

白亜紀前期

中生代

約2億100万年前 ——————— 約1億4500万年前

三畳紀

恐竜が進化していく
ジュラ紀

白亜紀

シリーズ巻末のこのページでは、恐竜がすんでいた3つの時代の特ちょうを紹介していきます。
ジュラ紀は、いろいろな生態をもつ、多くの種類の恐竜が栄えた時代です。豊富にあった植物を食べる
大きな体の竜脚形類などが出現しました。

大陸のようす

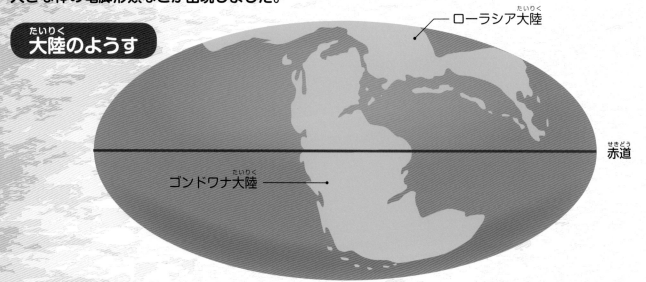

ローラシア大陸

赤道

ゴンドワナ大陸

パンゲア大陸が
北と南に分断される!

三畳紀末にパンゲア大陸が分裂をはじめ、ジュラ
紀には北のローラシア大陸と南のゴンドワナ大陸
に分かれました。海に面する大陸が増えたため、
おだやかな熱帯の気候へと変化しました。マツや
シダ、イチョウなどの植物が育ち、陸全体に森林
が広がったので、植物食の恐竜が食料に困ること
はなかったと考えられます。ローラシア大陸はさ
らに陸地が分かれていき、海が入りこみました。

ライバルの姿が消えて
恐竜の体が巨大に進化!

三畳紀直前に続き、三畳紀末には大陸の分裂に
よって活発化した火山活動などにより、大量絶滅
が起きました。地球上の約76%の生き物が絶滅し、
恐竜のライバルだった爬虫類クルロタルシ類(第1巻)
も数を減らしました。恐竜はすでに体長10mほど
の竜脚形類などが存在しました。ライバルが消え、
食料も豊かにあった植物食恐竜は繁栄。巨大化し、
それを獲物にする肉食恐竜も大型になりました。

ジュラ紀の恐竜

三畳紀末にライバルが消えた恐竜は大型化し、種類も増えました。

アロサウルス

アメリカ、ポルトガル

第1巻

大型の獣脚類。するどいツメと歯をもつ最大級の肉食恐竜です。

第1巻

ブラキオサウルス | アメリカ

たるのような胴体に長い首と尾をもつ竜脚類で、全長約25mもありました。

第1巻

ステゴサウルス

アメリカ、ポルトガル

背中に骨でできた板をもつ剣竜類。スパイクのある尾をふりまわして肉食恐竜と戦っていました。

鳥類の誕生

ジュラ紀には恐竜の中から鳥類の先祖といわれる始祖鳥（アーケオプテリクス）があらわれました。1861年にドイツでこの化石が見つかり、鳥類の起源についてさまざまな意見がでましたが、最新の研究では「鳥は恐竜類」と考えられています。

!? 翼竜類とはちがう？

鳥類は羽毛の翼で飛び、翼竜類は皮膜（皮ふの膜）の翼で飛びます。翼竜類は巨大化の道へ進み、恐竜と同時に絶滅しました。

始祖鳥（ジュラ紀）

全長約50cmで翼をもっています。現在の鳥類とちがい、前あしに指、くちばしに歯があり、骨でできた長い尾をもつなど恐竜の特ちょうが残っていました。鳥類のように地上から羽ばたいて飛べたかどうかは、まだなぞです。

羽毛恐竜の発見

1996年に中国で発見された白亜紀前期の獣脚類シノサウロプテリクスの化石から、はじめて羽毛のあとが発見されました。羽毛以外にも鳥と恐竜の共通点があることから、鳥類は獣脚類の子孫と考えられるようになりました。

鳥類

白亜紀前期には原始的な段階の鳥がたくさんあらわれ、空を自由に飛んでいたと考えられています。そしてほかの恐竜が絶滅したあとも生き残り、現在まで多様な種類に進化しました。

恐竜マップ

中国 恐竜リスト

- ●マメンチサウルス……………中国 四川省
- ●ヤンチュアノサウルス………中国 四川省
- ●ヴェロキラプトル……………中国 内蒙古自治区
- ●プロトケラトプス……………中国 内蒙古自治区
- ●ピナコサウルス………………中国 内蒙古自治区
- ●グアンロン……………………中国 新疆ウイグル自治区
- ●メイ………………………………中国 遼寧省
- ●アラシャサウルス……………中国 内蒙古自治区
- ●ミクロラプトル………………中国 遼寧省
- ●エウヘロプス…………………中国 山東省
- ●チンタオサウルス……………中国 山東省
- ●アーケオケラトプス…………中国 甘粛省
- ●プロバクトロサウルス………中国 内蒙古自治区
- ●ズンガリプテルス……………中国 新疆ウイグル自治区
- ●ダルウィノプテルス…………中国 遼寧省
- ●シノサウロプテリクス………中国 遼寧省

その恐竜の化石が発見されたおもな場所をあらわして
います。

シティパティ　P.13

ズンガリプテルス　P.24

サウロロフス　P.14

タルボサウルス　P.9

ホマロケファレ　P.15

グアンロン　P.19

ズンガリプテルス　P.24

アーケオケラトプス　P.23

中国

南極

クリオロフォサウルス　P.25

南極 恐竜リスト

- ●クリオロフォサウルス…南極　カークパトリック山

その恐竜の化石が発見されたおもな場所をあらわしています。

モンゴル

デイノケイルス P.6〜11

プロバクトロサウルス P.22

アラシャサウルス P.20

ピナコサウルス P.15

プロトケラトプス P.14

プロトケラトプス P.14

シノサウロプテリクス P.29

テリジノサウルス P.12

ピナコサウルス P.15

ヴェロキラプトル P.13

ダルウィノプテルス P.25

メイ P.18

ミクロラプトル P.21

エウヘロプス P.20

マメンチサウルス P.16

チンタオサウルス P.22

ヤンチュアノサウルス P.19

モンゴル 恐竜リスト

- デイノケイルス……モンゴル ウムノゴビ県
- タルボサウルス……モンゴル ウムノゴビ県
- テリジノサウルス…モンゴル ウムノゴビ県
- ヴェロキラプトル…モンゴル ウムノゴビ県
- シティパティ………モンゴル ウムノゴビ県
- サウロロフス………モンゴル ウムノゴビ県
- ホマロケファレ……モンゴル ウムノゴビ県
- プロトケラトプス…モンゴル ウムノゴビ県
- ピナコサウルス……モンゴル ウムノゴビ県
- ズンガリプテルス…モンゴル ウムノゴビ県

その恐竜の化石が発見されたおもな場所をあらわしています。

オーストラリア

クンバラサウルス P.26

アウストロサウルス P.26

ムッタブラサウルス P.27

オーストラリア 恐竜リスト

- アウストロサウルス…オーストラリア クインズランド州
- ムッタブラサウルス…オーストラリア クインズランド州
- クンバラサウルス……オーストラリア クインズランド州

その恐竜の化石が発見されたおもな場所をあらわしています。

この恐竜リストには、恐竜以外の翼竜類なども含まれています。

●監修／渡部真人（わたべ まひと、古生物学者）

モンゴルの恐竜化石や哺乳類化石の発掘調査研究を１９９３年より行う。現在も調査中。
恐竜以外にも、イランや中国のウマの化石も研究。
『体のふしぎ ウマ編』（アシェット・コレクションズ・ジャパン）、『ダイナソーミニモデル
スカルシリーズ』（Favorite）などを監修。

●ニシ工芸株式会社（高瀬和也・佐々木裕・知名杏菜）

児童書、一般書籍を中心に、編集・デザイン・組版を行っている。
制作物に『理科をたのしく！ 光と音の実験工作（全３巻）』、『かんたんレベルアップ
絵のかきかた（全３巻）』（以上、汐文社）、『くらべてみよう！ はたらくじどう車（全
５巻）』、『さくら ～原発被災地にのこされた犬たち~』（以上、金の星社）、『学研の図
鑑 LIVE 深海生物』（学研プラス）など。

●参考文献

『世界の恐竜MAP 驚異の古生物をさがせ！』（エクスナレッジ）
『恐竜の教科書 最新研究で読み解く進化の謎』（創元社）
『恐竜がいた地球 ２億５０００万年の旅にGO!（ナショナル ジオグラフィック 別冊）』
（日経ナショナル ジオグラフィック社）
『三畳紀の生物』（技術評論社）
『ティラノサウルスはすごい』（文藝春秋）
『新説 恐竜学』（カンゼン）
『NHKスペシャル 完全解剖ティラノサウルス 最強恐竜 進化の謎』（NHK出版）
『はじめての恐竜図鑑 恐竜大行進 AtoZ
　ティラノサウルスもトリケラトプスも、日本の恐竜もいる！』（誠文堂新光社）
『学研の図鑑LIVE 恐竜』（学研プラス）
『講談社の動く図鑑MOVE 恐竜』（講談社）
『ポプラディア大図鑑WONDA 恐竜』（ポプラ社）

●編集協力
　木島理恵
●イラスト
　恐竜CG　服部雅人
　恐竜イラスト・フィギュア　徳川広和
●撮影
　糸井康友
●写真提供
　朝日新聞／アマナイメージズ
　PPS通信社
　Shutter stock
　ピクスタ株式会社
●表紙デザイン
　ニシ工芸株式会社（西山克之）
●本文デザイン・DTP
　ニシ工芸株式会社（岩上トモコ）
●担当編集
　門脇大

この本に掲載されている内容は、特に記載のあるものを除き、
2020年7月現在のものです。

なぞにせまれ！ 世界の恐竜
②中国・モンゴル
～デイノケイルス、マメンチサウルスほか～

2020年8月　初版第1刷発行

監　修　渡部真人
発行者　小安宏幸
発行所　株式会社汐文社
　　　　〒102-0071
　　　　東京都千代田区富士見1-6-1
　　　　TEL 03-6862-5200　FAX 03-6862-5202
　　　　https://www.choubunsha.com/

印刷　新星社西川印刷株式会社
製本　東京美術紙工協業組合